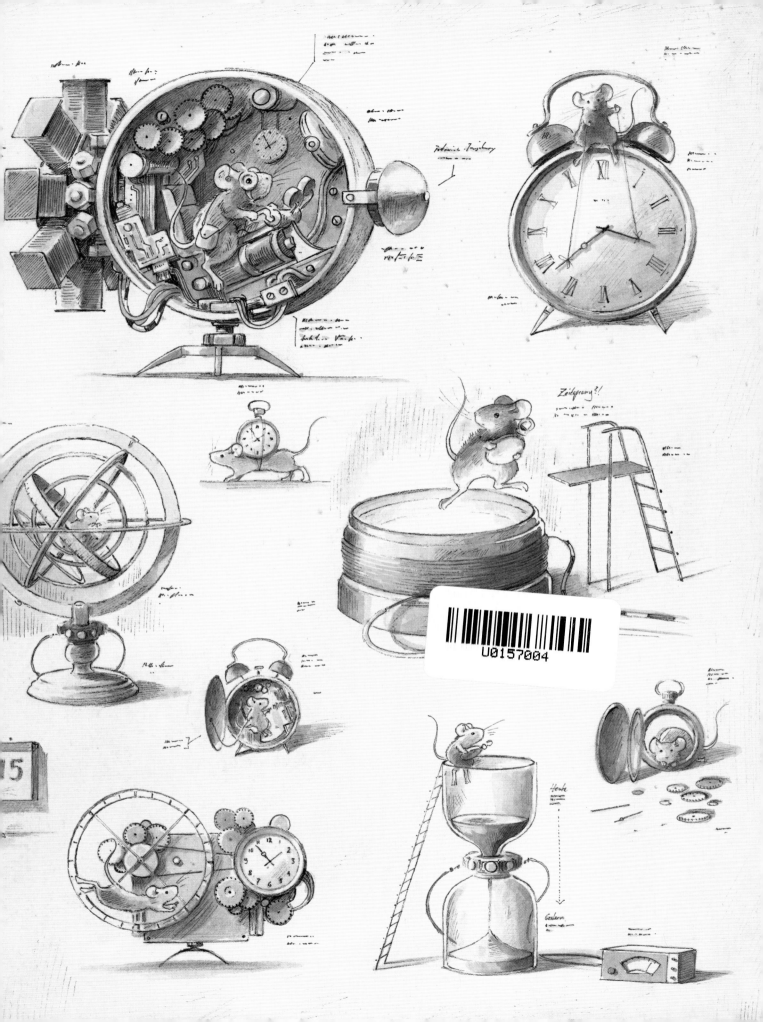

"太想抓住时间，就有可能被时间牵着鼻子走。"

——小老鼠语录

传奇小鼠冒险系列

遇见爱因斯坦

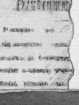

相　对　论

阿尔伯特·爱因斯坦　著

图书在版编目（CIP）数据

遇见爱因斯坦/（德）托本·库曼著；李柯薇译
— 北京：中国友谊出版公司，2023.8（2024.12重印）
（传奇小鼠冒险系列）
ISBN 978-7-5057-5627-4

Ⅰ.①遇… Ⅱ.①托… ②李… Ⅲ.①相对论－儿童
读物 Ⅳ.①O412.1-49

中国国家版本馆CIP数据核字(2023)第058460号

著作权合同登记号　图字：01-2023-3390

Einstein. Die fantastische Reise einer Maus durch Raum und Zeit
written and illustrated by Torben Kuhlmann
© 2020 NordSüd Verlag AG, Zurich/Switzerland
Current Chinese translation rights arranged through
Agency Beijing Star Media Co.Ltd

书名	遇见爱因斯坦
作者	〔德〕托本·库曼
译者	李柯薇
出版	中国友谊出版公司
发行	中国友谊出版公司
经销	新华书店
印刷	天津裕同印刷有限公司
规格	889毫米×1194毫米　16开
	8印张　100千字
版次	2023年8月第1版
印次	2024年12月第4次印刷
书号	ISBN 978-7-5057-5627-4
定价	98.00元
地址	北京市朝阳区西坝河南里17号楼
邮编	100028
电话	(010) 64678009

传奇小鼠冒险系列

遇见爱因斯坦

[德] 托本·库曼 著 李柯薇 译

中国友谊出版公司

等　待

　　表盘上，三根指针一圈圈划过；藏在黄铜表壳下的精致的齿轮结构，一下下平稳而有规律地工作着，发出细小的嘀嗒声。在"指针三兄弟"里，细长的秒针跑得最快，刚结束上一圈的奔跑，便一刻不停地开始下一圈。

　　我们的主人公小老鼠全神贯注地盯着这块怀表，不过，从老鼠的角度看，"怀表"这个称呼就不一定合适了——这块表比小老鼠的个头儿还大，自然不可能放到它的口袋里啦！小老鼠轻声呢喃，对着表盘数完今天的最后一秒。随着秒针的跳动，三根指针齐刷刷地指向"XII"，远处报时的钟声随之响起，宣告着午夜到来，而这一刹那，也恰恰是新一天的开始。

　　小老鼠就是在等待这一刻。它转身跑进隔壁房间，那儿的墙上挂着一本人类使用的日历。每晚十二点，小老鼠都会来到这里，撕下一页日历。这对一只小老鼠来说可不是件容易的事，每次它都要用上吃奶的劲儿，才能把日历纸生拉硬拽下来。不过，每撕下一页日历，就意味着小老鼠离那个特殊的日子又近了一步，尽管过程操心又费力，它那期待的喜悦感却越来越强烈。

星期四
5

星期五
6

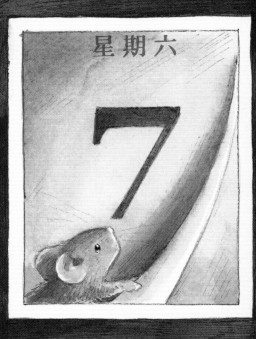
星期六
7

星期日
8

星期一
9

10

星期二
10

星期三
11

星期四
12

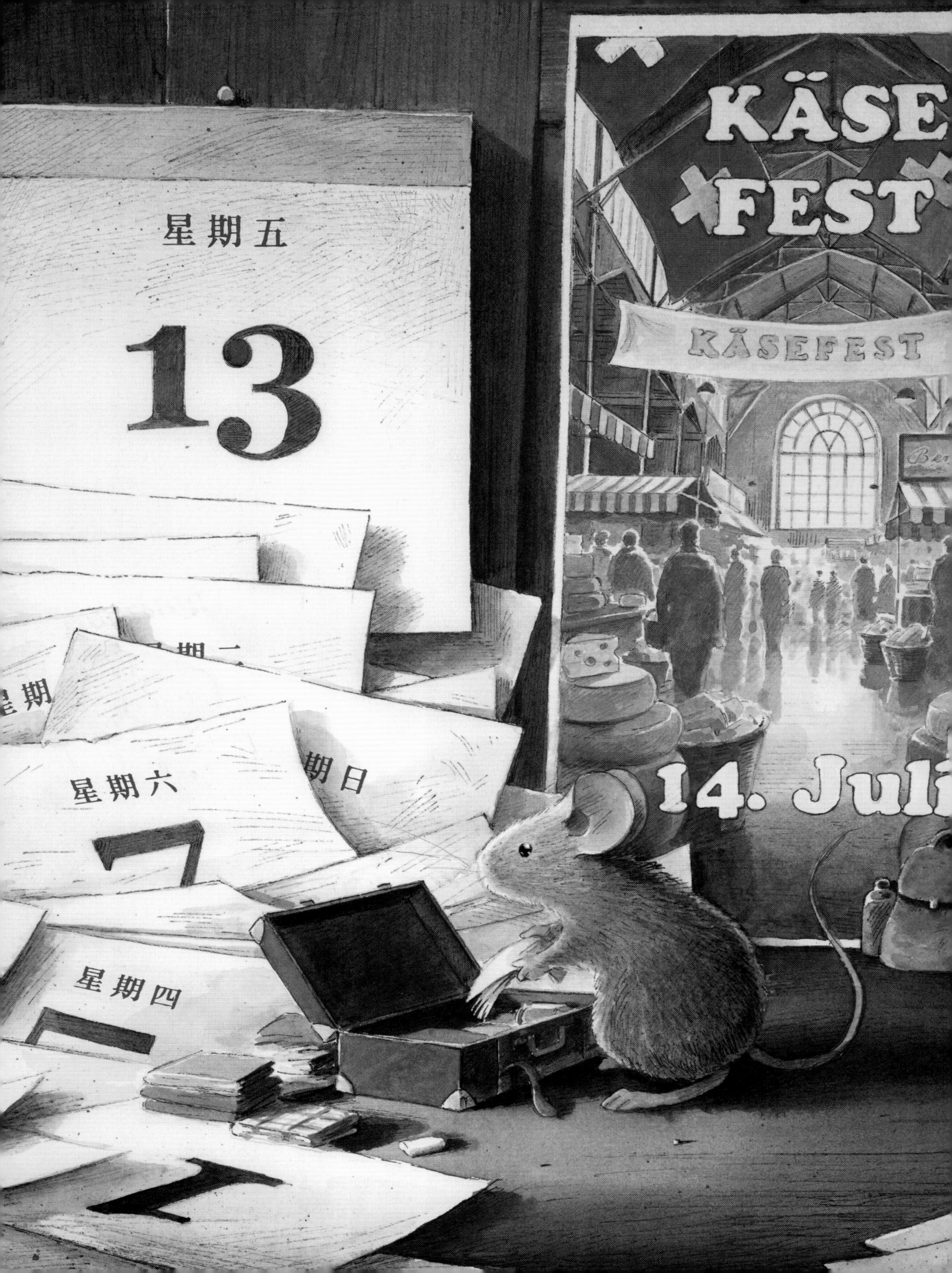
星期五
13
星期二
星期
星期六
期日
7
星期四
KÄSE
FEST
KÄSEFEST
14. Juli

每只老鼠的梦想

小老鼠经过漫长的等待，终于迎来了曙光。整整一个星期，它都在为明天的到来激动着，期待着，狂喜着——就在明天，那个盛大的节日就要开始了！

前一段时间，小老鼠无意间从两个人的对话中听说了这个节日——

"那可是世界上最大的奶酪节……"一个人满怀向往地说道。

"来自各大原产国的最好的奶酪……"另一个人解释着，那语气可真像满腹经纶的教授。

在听他们说话的间隙，小老鼠趁第二个人不注意，从他的公文包里拽出了一本奶酪节的宣传小册子——卡芒贝尔奶酪、布里干酪、高达干酪、埃文达奶酪、切达干酪、佩科里诺绵羊奶酪……看着小册子，想象着浓香醇厚的各式奶酪，小老鼠的胡须都不由自主地颤动起来。

明天，它就要踏上去往盛大奶酪节的旅程了……

* 左图中 KÄSEFEST 指"奶酪节"，14.Juli 指"7月14日"。

　　这……这是什么情况?! 小老鼠把四周都跑遍了,却连一块奶酪也没见到! 它绝对没有来错地方,这里和宣传小册子上一模一样——市场大厅里巨大的窗户、悬挂着的红底白十字瑞士国旗,以及数不清的货摊,它都记得一清二楚。可这里并没有奶酪,只有穿着棕色工作服、用小推车来来回回运送箱子的工人们。

　　到底发生了什么?

　　小老鼠不甘心地四处搜寻,心想:"肯定还能找到小块的奶酪……"然而,所有纸箱、盒子都空空如也,小老鼠还是一无所获。就在这时,一股熟悉又独特的香味突然钻进了它的鼻子。

　　一只胖乎乎的老鼠鼓着吃得滚圆的肚皮，躺在一个木盒子上。它用盒子的包装纸搭起了属于自己的"美食小天地"，那熟悉又独特的香味正是来自这里。小老鼠这位圆溜溜的同胞，还在啃着一小块奶酪。那是一种香味浓郁的硬奶酪，也许产自瑞士的阿尔卑斯山。

　　"您好，打扰一下……"小老鼠羞怯地向这位同胞打招呼。过了一小会儿，看对方没有回应，小老鼠清了清嗓子——

　　"您好，打扰一下！"这次，它提高了音调，语气也强硬了些，"请问奶酪节在哪里举办？"

　　"啥？奶酪节？"挺着肚子的老鼠不紧不慢地回应着，娴熟地把最后一小块奶酪扔进嘴里。它说话时带有明显的瑞士口音，小老鼠从"奶酪"两个字里就听出来了。

　　"那是昨天的事了，我亲爱的'爱因斯坦'！"胖老鼠挪动了一下身体，最后说出的"爱因斯坦"四个字，听起来带着戏谑和嘲笑。它用舌头大声舔着爪子尖，补充道："你来得太晚啦，晚了一整天。"

　　"我走了好远好远的路才赶来的！"小老鼠不愿意接受现实，不服气地争辩着。可它说出这句话时就意识到，现实已成定局，再也无法改变了。

　　"行啊，那你就把时间拨回去呗！"胖老鼠自负又傲慢地讥笑着。也许是笑得太厉害，它从"美食小天地"里爬起来的时候被奶酪屑呛到了，"乐极生悲"地大声咳嗽着，消失在黑暗的角落。

　　此刻，在这空旷的市场大厅里，只剩小老鼠孤零零地站立着。

　　"太晚了……整整晚了一天……怎么会发生这样的事呢？"小老鼠满心懊恼，还在问自己这想不通的问题。它可是每天都聚精会神地数着日子，每晚都撕下一页日历呀。小老鼠努力地回想着，过去的一周像放电影一样，在它脑海中一帧帧地慢慢闪过。问题到底出在哪里？是它把日子数错了，中间漏掉了一天？还是它在哪天深夜睡着了，忘了撕掉日历？

谁拨动了钟表？

不知不觉间，太阳已经悄悄藏到了山后，夜晚的黑暗渐渐铺满了整个城市。小老鼠带着满脑子的问号，穿过一条又一条小巷；那个圆溜溜的胖家伙说的话，一遍遍地在它脑海中闪过。

"要是把时间拨回去，会发生什么呢？唉……听'鼠胖子'的语气，这根本就是个笑话，可话又说回来，万一……万一时间真的会倒流呢？"无边的黑暗中，小老鼠慢腾腾地踱着步子，头脑不停地思索着，"那个我听都没听说过的词语又是什么意思？爱因斯坦？"

"我可不叫什么爱因斯坦！"小老鼠哀怨地嘟囔着。

　　突然，一阵熟悉的声响从楼上敞开的窗子里传出来，冲进小老鼠的耳朵。"嘀嗒……嘀嗒……"那是钟表走动的声音。小老鼠顺着锈迹斑斑的排水管爬上楼，鼓起勇气猛地一跳，落到了窗台上。那传出嘀嗒声的闹钟，就放在不远处的餐边柜上，和小老鼠平时见到的一样——表盘上，"指针三兄弟"一下下地绕着圈，辛勤地工作着。小老鼠对着闹钟望了一会儿，然后便嗖地冲到表盘前，紧紧拉住秒针，让它留在原地不动。

　　"现在，这只表上的时间算是静止了！"小老鼠低声说着，又满怀期待地望向四周。黑漆漆的屋子里毫无变化，没有任何动静。时间真的静止了吗？小老鼠没有停下，又抓住分针，用尽全身力气，把"二哥"向反方向扳去。

可是经过一番努力后，小老鼠仍然没有感觉到明显的变化。它咬着牙把分针朝反方向转了十圈或者十一圈，时针也随着后退了相应的时长。现在，被拨动过的"指针三兄弟"指向"新的时间"，应该是这一天中午。但窗外的天空依旧伸手不见五指，用深邃的黑暗宣告着：此刻依然是夜晚。

"看来这都是白费力气，一点儿用也没有。"小老鼠满心失落。要知道，它只是拨回了指针，却没有拨回时间。

又传来了一阵声音——小老鼠那两只大大的耳朵，敏锐地捕捉到了隔壁屋子里的嘀嗒声。不过，那嘀嗒声可比闹钟的缓慢、沉闷多了。小老鼠的目光穿过走廊，看到了客厅里一座大大的落地摆钟；半掩的卧室门后，除了传来主人熟睡的阵阵呼噜声，还透出电子闹钟微弱的白光——这类钟表没有指针，是用发光的数字来显示时间的。咦？床边的五斗橱上，是不是还有一块手表？

小老鼠又焦躁起来，心想："难道……我要一次性把这些表都拨回去？"

我们的小老鼠累到几近虚脱，大口地喘着粗气——它使出浑身解数，找到了这套房子里的所有钟表，然后一个接着一个地把指针拨回到奶酪节的下午。然而，期待中的"时光倒流"并没有到来，忙碌了一夜的小老鼠抬起头，还是瞥见了新一天的太阳。骄傲的太阳公公一点儿也没被"倒着走"的钟表影响，照样从东方升起，挂在每家每户的屋顶上，刚刚还漆黑一片的屋子，顷刻间洒满暖暖的金色光芒。

　　"实验失败。"目睹着眼前的一切，小老鼠意识到自己只是徒劳，忧郁的神情又爬上它的小脸，"不管我拨回多少钟表的指针，时间也决不会回头。"

　　一阵突如其来的喧闹声，将小老鼠从沮丧的思绪中拽了出来——附近钟楼上的大钟铛铛响着，正在报送整点时刻。"这是个什么信号吗？"大钟的呼喊点醒了小老鼠，它似乎找到了灵感，知道自己接下来要做什么了——弄明白钟表到底会不会影响时间的脚步。

城里最大的钟

钟楼有几层大楼那么高，外壁上挂着漂亮奢华、极富艺术气息的表盘。小老鼠沿着一圈圈盘旋的台阶向上爬去，来到顶楼的钟表控制室里。

它稍稍歇息了一会儿——这趟颇费体力的长途跋涉，可真是一次大胆的冒险，特别是对于一只还没有台阶高的老鼠来说。终于，缓过劲儿来的小老鼠恢复了正常的呼吸节奏，集中精神打量起大钟的结构：密密麻麻的齿轮彼此咬合、衔接，一个带动着下一个，下一个又带动更大的一个；这些齿轮转动产生的动力，再通过一根粗粗的铁杆传导到外墙的表盘上，带动指针旋转。小老鼠屏气凝神，心怀敬畏地站在这咔嗒作响的精密结构里。接着，它紧紧地握住一根长长的、锈迹斑斑的螺钉……

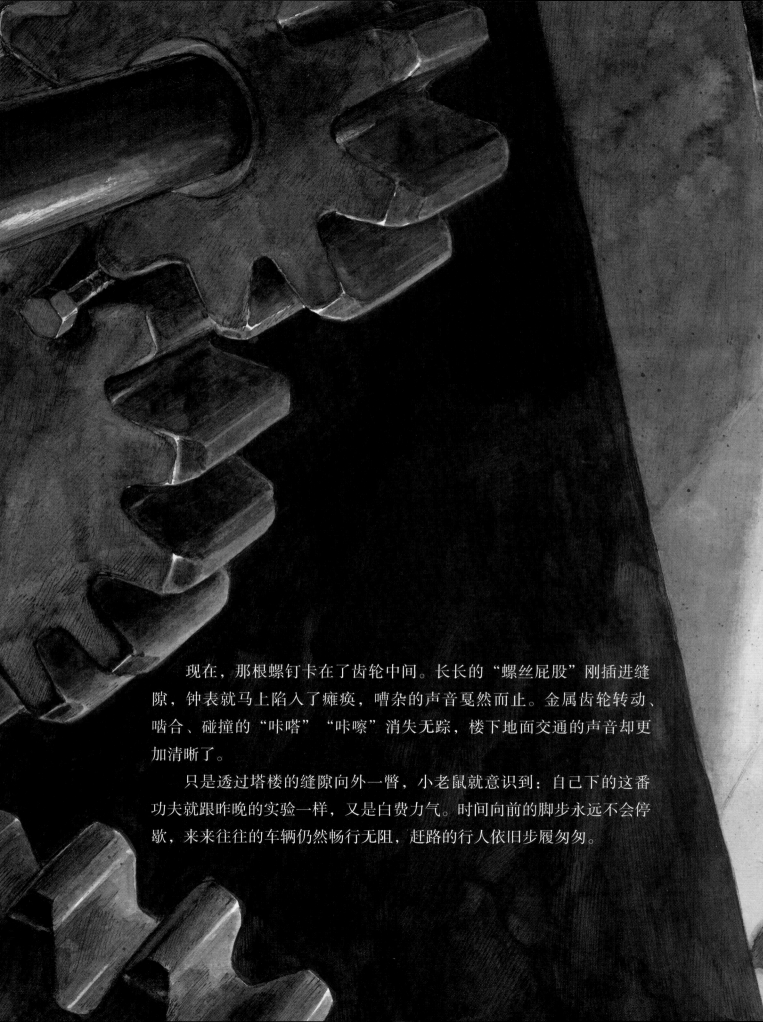

现在，那根螺钉卡在了齿轮中间。长长的"螺丝屁股"刚插进缝隙，钟表就马上陷入了瘫痪，嘈杂的声音戛然而止。金属齿轮转动、啮合、碰撞的"咔嗒""咔嚓"消失无踪，楼下地面交通的声音却更加清晰了。

只是透过塔楼的缝隙向外一瞥，小老鼠就意识到：自己下的这番功夫就跟昨晚的实验一样，又是白费力气。时间向前的脚步永远不会停歇，来来往往的车辆仍然畅行无阻，赶路的行人依旧步履匆匆。

越来越多的行人发现，钟楼上的大钟停摆了。他们低头看看腕上的手表，又抬头望向高高的大钟。这一切都被藏在暗处的小老鼠看在眼里。过了一会儿，几个凶巴巴又不耐烦的修理工背着工具箱出现在人群中。他们走进钟楼，往钟表控制室爬去。看到这一幕，小老鼠有点儿不好意思了，赶紧跑到另一个角落里。

　　"唉，我还是惹麻烦了……"小老鼠叹着气离开了。

　　它漫无目的地在城里游荡了几个小时，一直不由自主地思考："时间"到底是个什么东西？钟表究竟跟它有什么联系呢？深陷"时间问题"无法自拔的小老鼠，根本没注意看路，差点儿就被一位过路的行人踩到脚下——多亏人家反应快，落脚之前看到了我们的小主人公，往旁边跨了一步，吓了一跳的小老鼠才躲过一劫。这样一来，小老鼠却"因祸得福"了，它看到了一个地方——或许能为它答疑解惑的地方。

* 图中 UHRMACHER 译为"钟表匠"。

钟表匠的作坊

　　咦？店里是不是有位老鼠同胞蹿过去了？看到这一幕，小老鼠顾不得橱窗玻璃冰凉刺骨，激动地把鼻子贴了上去——一只雪白的老鼠背着几个钟表齿轮，倏地消失在店铺后面了。

　　趁着一位新客人进店，小老鼠紧随其后溜了进去。它惊讶地环顾四周：这里摆满了各式各样的钟表，有怀表、落地摆钟、能发出布谷鸟叫声的自鸣钟，还有数不清的手表，以及对它来说再熟悉不过的嘀嗒声。店铺后面的小房间里有张写字桌，桌上摊开着一本钟表制造商的名录；旁边的架子上，几本落地摆钟修理指南静静地躺着，蒙上了一层细细的灰尘。

　　小老鼠的目光继续搜寻，终于，它在暖气管后面的隐蔽角落里发现了同胞的踪迹——那积年未打扫的厚厚尘土上，清晰地留下了老鼠的爪印。就在距离爪印不远的拐角处，一个洞口出现了。

那只雪白的老鼠正趴在工作台前，聚精会神地工作着。它之前背着的钟表齿轮，现在正靠在一旁的柜子上。

"您好。"小老鼠小心翼翼地打了一声招呼，生怕打扰这位工匠同胞。

"您好！"雪白老鼠应道，不过，正在专注工作的它并没有抬头，"不好意思，请您稍等一下，我马上就来。"它一边说着，一边从抽屉里拿出一颗极小的螺钉，用它把一个齿轮固定在面前的黄铜表壳里。"大功告成！"雪白老鼠不禁为自己叫起好来。它稍稍欣赏了一下这美妙的劳动成果，随即转向身后的客人问道："有什么能帮到您的吗？"它的头上戴着一副很奇特的装置——安了一只放大镜的眼镜。

"您是钟表匠，对吧？"小老鼠问。

"是的，没错。"这位通体雪白的老鼠钟表匠跟满肚子奶酪的胖老鼠一样，也操着一口瑞士口音，"您想要钟表吗？要什么样的？"

"嗯……是……不是，其实我有个问题想请教您……"

"啊，问问题呀，那行啊，说吧！"

小老鼠停顿了一会儿，想了好几种提问的方式，最后却只是张口问道："您知道……到底什么……什么是时间吗？"

"您是想问现在几点了吗？"

"不不，不是的，我想知道'时间'到底是什么东西。"

雪白老鼠有点儿蒙了，天天跟钟表打交道的它从来没听别人这样问过，不知所措地捋着白花花的胡子。

"您……您跟我来吧。"雪白老鼠向小老鼠发出邀请。

时间简史

　　雪白老鼠带小老鼠穿过工作室，来到后方的一个小房间里。这儿陈列着它多年来收藏的宝贝们：比火柴盒还小的挂钟、能放进老鼠口袋的小怀表……在这间装满"时间工具"的储藏室里，还挂着、摆着一些很另类的装置：从两头向中间变细、里面装着沙子的玻璃容器①，画着一圈数字、中央插着一根金属棍的平面圆盘②……不过大部分藏品都沾满了灰尘。

　　穿梭在这些有关时间的机器中，雪白老鼠突然停下了脚步。它清了清嗓子，自豪地说："时间是我的事业。我很荣幸也很乐意为您介绍，在多年钟表匠生涯中，我了解的关于时间的一切。"

---

① 这个容器是沙漏，一种计时仪器。沙子从上面的玻璃球穿过中间细细的通道，流进下面的玻璃球。
　 人们根据这个过程需要的时间来计量时间。
② 这个圆盘是日晷，一种利用太阳投射的影子来测定时刻的装置，在古代普遍使用。

在这里，知识渊博的雪白老鼠令小老鼠深深折服。小老鼠知道了在遥
远的古代，人们如何研究太阳和月亮的运行轨迹，并由此制出第一套时间
历法；也认识了那些孜孜不倦、潜心研究，把一天分成小时，又把小时分
成分钟的古埃及和古希腊天文学家们；还明白了如何在像地球一样旋转的
球体上，借助太阳的光照确定时间；更晓得了在这之后，智慧的人们如何

　　两只沉醉在时间里的老鼠回到了工作室。"谢谢您！太感谢了！"小老鼠对雪白老鼠满怀感激，"您真是对钟表无所不知呀！不过，我想问一下，您是怎么成为一名钟表匠的呢？"

　　"啊，那可是段有意思的故事！"雪白老鼠骄傲地答道。它伸出小爪子，指着墙上那些褪色的老照片说："我们家族世世代代都是钟表匠，早在八十多年前我们就搬过来了。那时候，这里可是咱们老鼠口中的'恶魔之地'。谁都没有勇气，也不相信自己能走进这家钟表铺，因为这里住着一个凶残的'大魔头'。它浑身像无边的夜晚一样漆黑，眼睛雪亮，脾气暴躁，让老鼠不寒而栗。对了，它叫柯罗诺斯，是钟表铺里的一只公猫。"

太可怕了！光是听雪白老鼠的描述，小老鼠就起了一身鸡皮疙瘩。

雪白老鼠没有停顿，继续说道："一天晚上，不知道为什么，那只公猫突然怒气冲天、暴跳如雷，像疯子一样把整个钟表铺弄得乱七八糟。从那以后，愤怒的柯罗诺斯就不见了，消失得无影无踪。我的曾祖父母仔细观察，确定它不会再回来了，于是就在钟表铺里安了家。"说完这些，雪白老鼠便沉默了，陷入了深深的回忆。

小老鼠听得津津有味，期待地追问："那然后呢？"

"啊？什么？哦，对！"钟表匠突然意识到，自己还没回答小老鼠提的问题呢！"我的曾祖父母刚搬进来，就发现了一个精妙绝伦的好东西。"说着，它拿出一个精美的小首饰盒，里面放着一块用上好锦缎包裹的怀表。"这块表就是我曾祖父母找到的宝贝。您也看到了，它比人类用的怀表小很多。曾祖父母被这巧夺天工的艺术品深深吸引了，当即决定，从此以后要亲手打造专门给老鼠用的怀表。"

多么绝妙的艺术品！它跳动的指针比头发丝还要细。小老鼠细细打量着用金银丝工艺制成的怀表——岁月似乎没有在它身上留下痕迹，一点儿也看不出来这个"表奶奶"已经八十多岁了！不过，在那丝滑的黄铜表壳上，有一个浅浅的小凹痕，应该是不知什么时候摔了一下造成的。

"谢谢您花这么长的时间和我分享！"小老鼠准备说再见了，可"时间"这个词一滑到嘴边，它才突然想起来这里的目的，"不好意思，我想再问问您，时间……时间到底是什么呀？咱们说了这么多，好像并没有聊到这个话题……其实我是来奶酪节迟到了一天，所以想找一个拨回时间的方法……"

"恐怕我没法儿回答您这个问题了。时间是永动不变的，它总是朝着一个方向前进，从不停止。不管钟表还是日历，它们的存在只为印证时间在流逝。实在抱歉，让您失望了，我也说不出来更好的答案……"钟表匠面露难色。可在片刻间，这个时间领域的老手就想出一个好点子，满心欢喜地说："您带上一块我做的表吧，这是我的一点儿心意。它没有帮您拨回时间的超能力，不过至少您以后不会再迟到了！"

听了雪白老鼠的一番话，小老鼠深受感动。那块漂亮的小怀表，是和"表奶奶"几乎一模一样的完美的复制品，唯一不同的是它的表壳上没有小凹痕。

小老鼠刚要迈出钟表铺的大门，雪白老鼠突然急急忙忙地追了上来。

"我……我突然想到能帮您的人了，"它上气不接下气地说，"八十年前，我们这里有一位科学家，要是我没记错的话，他好像在时间领域提出了一些颠覆性的想法……"

伯尔尼专利局

　　伯尔尼专利局的地板平坦又光滑，脚踩上去冰冰凉凉的。走廊两侧的门一扇挨着一扇，都长得一模一样。头顶的荧光灯散射出清冷的光，与穿过窗子的阳光融为一体。此时此刻，大楼里一个人也没有，可谨慎的小老鼠还是格外小心，屏气凝神、蹑手蹑脚地在过道中穿行。一面高高的墙吸引了小老鼠的注意力，墙上的相框里是一张男人的照片——他留着一撮胡子，头发乱蓬蓬的。照片下面有一段简介。

　　小老鼠逐字读着简介："阿尔伯特·爱因斯坦，物理学家、诺贝尔奖获得者，1902年至1909年在这里工作。"它觉得这个名字有点儿耳熟。

　　接下来的几行字，是对爱因斯坦生平事迹的介绍。小老鼠一行一行地浏览着，读到最后一句时，它那圆溜溜的小眼睛突然放出了光："爱因斯坦的研究颠覆了我们对空间和……"这句令它激动无比的话，小老鼠必须再确认一遍。它一字不落地看着，轻轻地读出剩下的几个字："……时间的认知。"

小老鼠在专利局的阁楼里度过了一天又一天，一夜又一夜。这里堆积着一摞摞废弃物，旧家具左一件右一件，成了小老鼠再好不过的藏身之处。阁楼里的架子大都被旧文件和成堆的纸张塞得满满当当，只有一个书架上摆着几本落满了灰尘的书，其中还有伯尔尼这座城市的编年史呢！不过，小老鼠最感兴趣的，还是一本厚厚的、包着亚麻布封皮的书——时间不留情面地磨损了它的边缘，书脊上写着两排字，稍微小一些的是"阿尔伯特·爱因斯坦 著"，大一点儿的则是"相对论"。

一连几天，除了废寝忘食地扎在这本书里学习，小老鼠什么都没做。它收获了不少闻所未闻的新知识：行星的引力如何起作用，光速有多快……正如爱因斯坦所说：时间的脚步是相对的，它流逝的速度取决于观察者本身。

不过，遗憾的是，从爱因斯坦的思维游戏和繁复的数学公式中，小老鼠没有找到任何蛛丝马迹来验证时间倒流。时间的脚步可以放缓，可以加快，甚至可以稍作停留，却无法后退。小老鼠失望极了，不得不告诉自己："回到过去的穿越之旅，应该是无法成真了。"它缓缓起身，使劲把厚重的《相对论》推回书架……

　　发生了什么？一道闪电划过？小老鼠吓得浑身一哆嗦，打了个趔趄，刚刚用尽全力想推回书架的《相对论》咚地砸中了它的头。小老鼠瘫坐在地上，眼睛冒着金星，蒙头转向地望着四周，只见敞开的《相对论》躺在自己身边。就在这一瞬间，一个灵感在它脑中闪过——有了！真理就藏在爱因斯坦的方程式中，在那一连串长长的数字、一个接一个的数学符号里。小老鼠终于找到了办法。

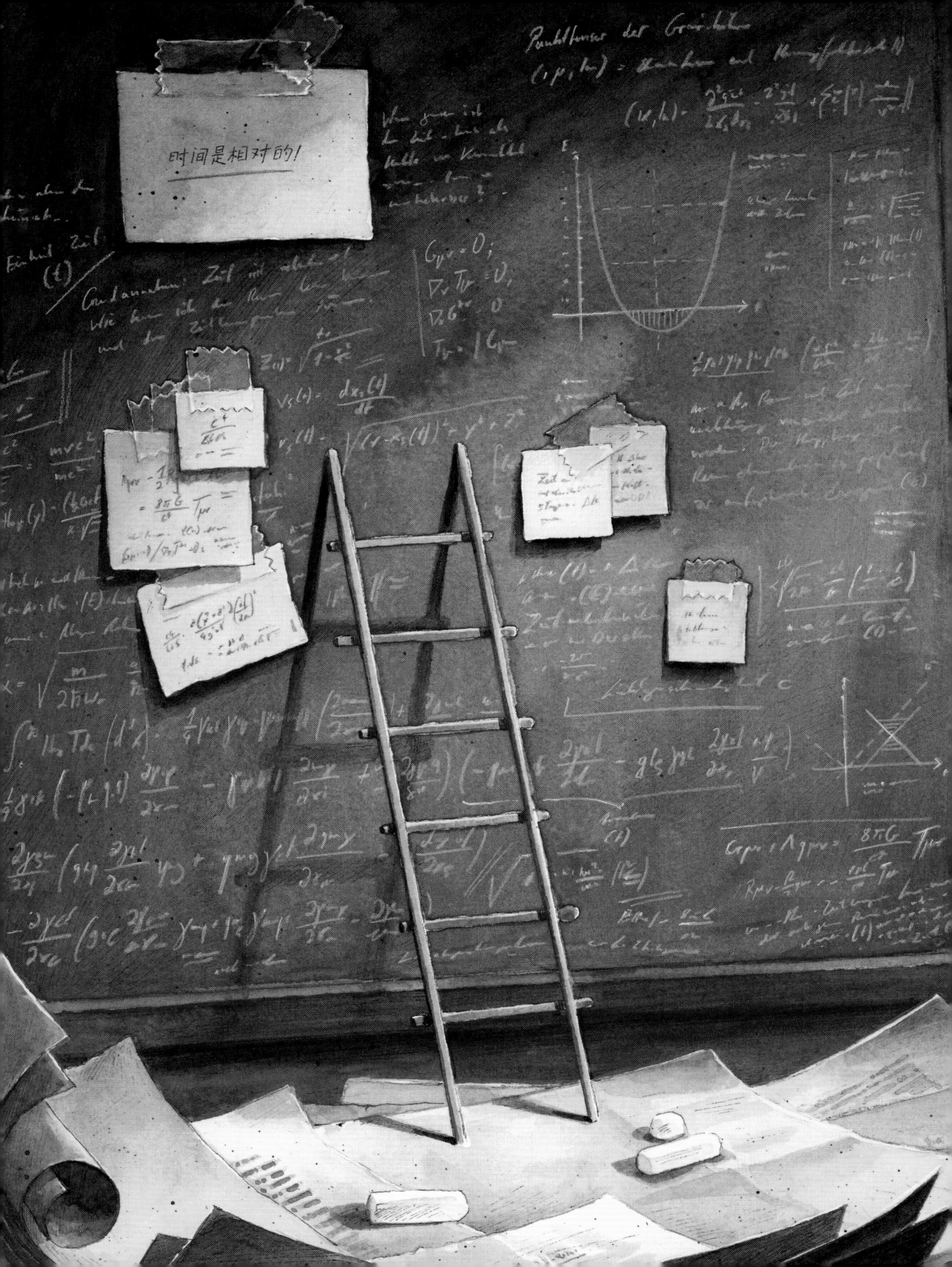
时间是相对的!

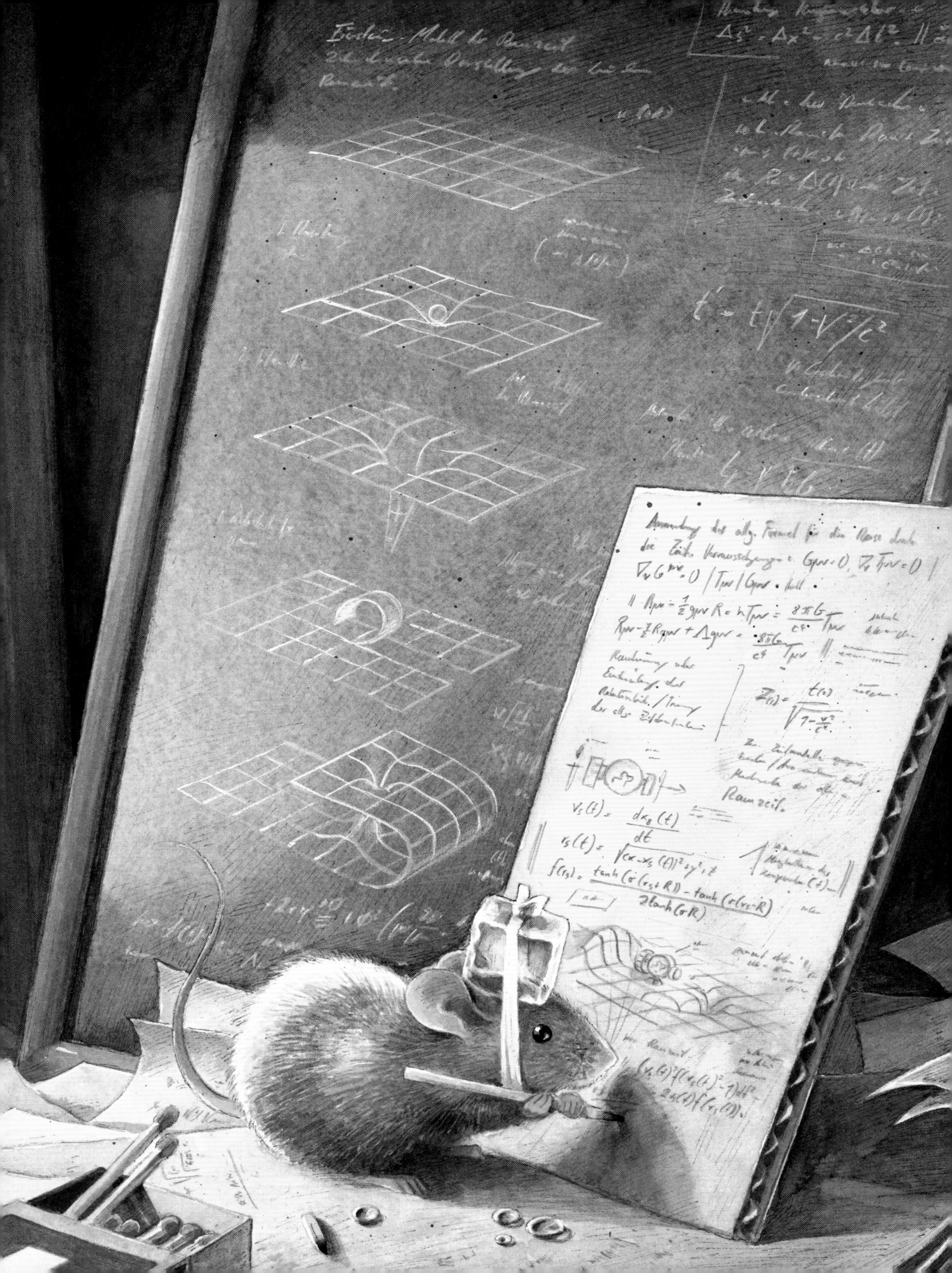

$\Delta s^2 = \Delta x^2 - c^2 \Delta t^2$
$t' = t\sqrt{1 - v^2/c^2}$
Raumzeit.

时光机

t'

过去　　　　　　　　现在　　　　　　　　未来　　　　时间

穿越时间的路

　　一次顶得上一万次！突如其来的"相对论重击"把小老鼠砸开了窍："或许……或许可以造一个穿越时间的机器吧？用可控的方式穿越时间，也不是不可能……"小老鼠的心脏怦怦直跳，头上被砸出来的小包隐隐作痛。尽管如此，对"追回时间"着了迷的小老鼠紧紧抓住这个灵感，开始思考和计算。等它演算出最后一串数字，就立刻画起了设计图纸。为了让机器更结实、耐用，坚硬的金属外壳是必不可少的。"还有什么比闹钟的壳更合适呢？"小老鼠一边想着，一边抬笔画下一个圆圆的外框，紧接着，它在外框正中填上了一把飞行员座椅，还加上了扶手，以及座位旁边各式各样的操纵杆和小齿轮。

　　面对长长的零件清单，小老鼠开始了走家串户的"搜罗行动"——到哪里去找合适的闹钟外壳，它心里早就有谱啦！

　　没过几天，小老鼠就搜集了数量可观的零部件。专利局的阁楼上就像打翻了调色盘，堆满了五颜六色的电线、铜线圈、螺钉、齿轮和电脑元器件。

　　造时光机的大工程就要开始了。

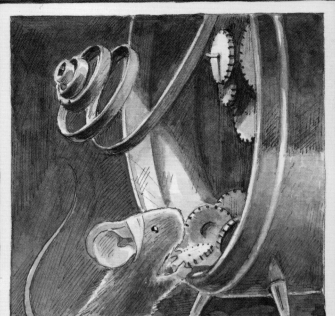

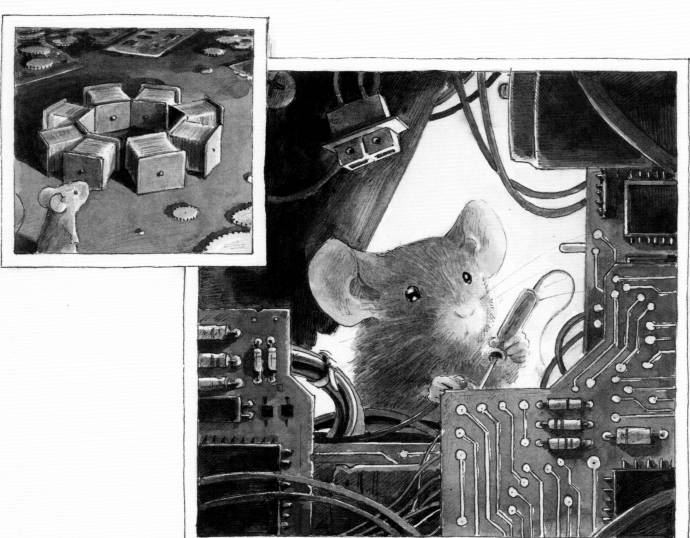

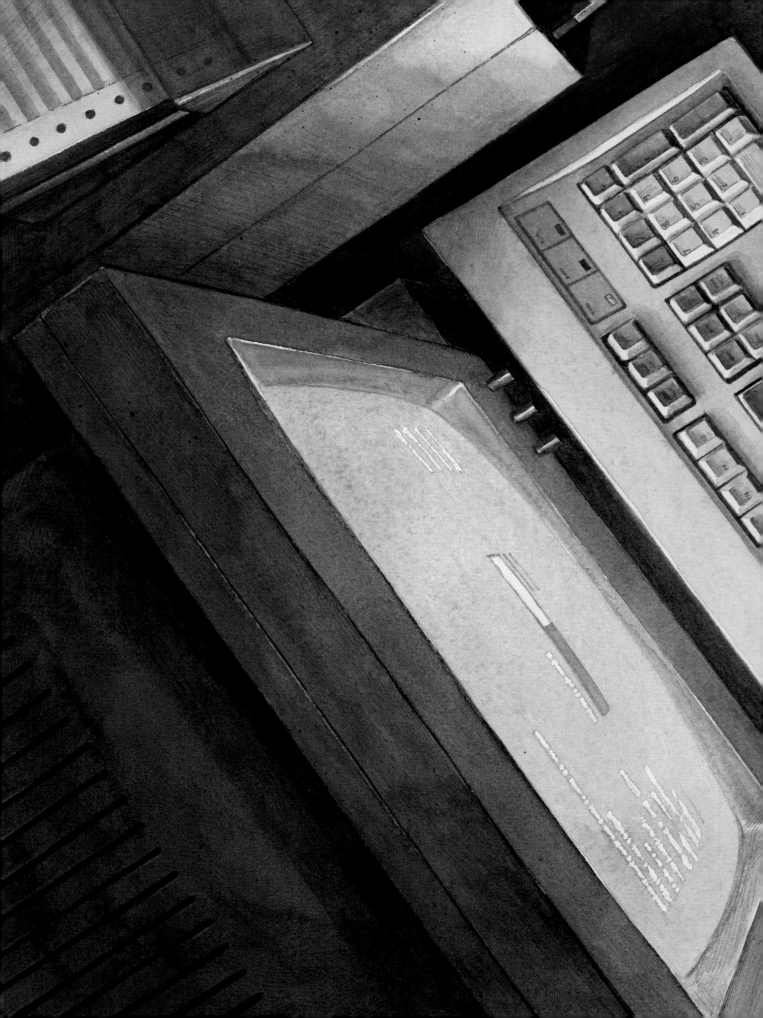

正在计算······

昨天 ——————→ 今天 ——————→ 明天

回到过去

    时光机完成了！那只被"征用"的闹钟已经被改造得面目全非，只有圆圆的黄铜壳子还保留着原样，壳子里则装满了科技感十足的小装置。穿越时间的目标日期也设置好了。"回到过去"的运算太复杂，就算没有被书砸疼了头，小老鼠也很难通过心算得出结果。它借用了电脑，把大量数据输进去，最终得到了想要的数值。

    是时候打点行装、开启旅程了。小老鼠小心翼翼地把演算笔记放在时光机座位下面，带上了钟表匠送的怀表——它满是爱惜地看了一眼这物件，真是个巧夺天工的大师之作呀！

    发动机开始运转，电磁线圈首先发力，一圈圈地转着；紧接着，整个时光机开始振动，发出阵阵低沉的电流声，随着机器运转频率加快，声音也越来越大……突然间，一片火花从发红的灼热线圈中喷薄而出；接着，一道闪电般刺眼的光束冲了出来。一切随即重归平静。时光机停止运转、毫无声响，坐在里面的小老鼠却敏锐地察觉到，一些变化正在身边发生。

    伴随着一道炫目的光束，小老鼠和它的时光机消失在此时此刻。

时间真的往回走了吗？小老鼠望向阁楼一角的挂钟——它的指针稍作停留，便像被"上帝之手"操纵似的沿逆时针方向转了起来，越转越快，越转越快……

窗外，新的一天到来了，又或许是前天或昨天？太阳出现在阁楼那扇小小的窗子外。难以置信的是，一向"循规蹈矩"的太阳公公也在朝着相反的方向移动——它飞快地向东跑着，不一会儿，原本湛蓝的天空就染上了一层粉红，紧接着又披上了黑沉沉的袍子，夜幕降临了。短暂的星夜之后，接踵而来的是更短的白天。前天到了！这回，心急如焚的太阳公公跑得更快了，像冲刺般掠过窗子。天色再次转暗，可马上又亮了起来。

剧烈奔跑的太阳不再是以前圆圆的样子，它的脚步连接在一起，变成了一条长长的"发光带"；墙上挂钟的指针也在高速运动，只在表盘上留下阵阵残影——昼夜的转换变成了刹那间的闪动。小老鼠沉醉在这迅速闪回的"时间表演"中，一个念头划过它的脑海："我往回走了多久？"擦肩而过的几个时间片段给了小老鼠答案——某个瞬间，小老鼠看到自己正举着厚厚的《相对论》，要把它推回书架。"等等，那时我没有看到一道闪电吗？"

就在小老鼠思考的时候，时光机外的阁楼渐渐模糊了，闪回的昼夜也慢慢变成灰蒙蒙的一片……小老鼠这位"时间旅客"如愿穿越了时间。

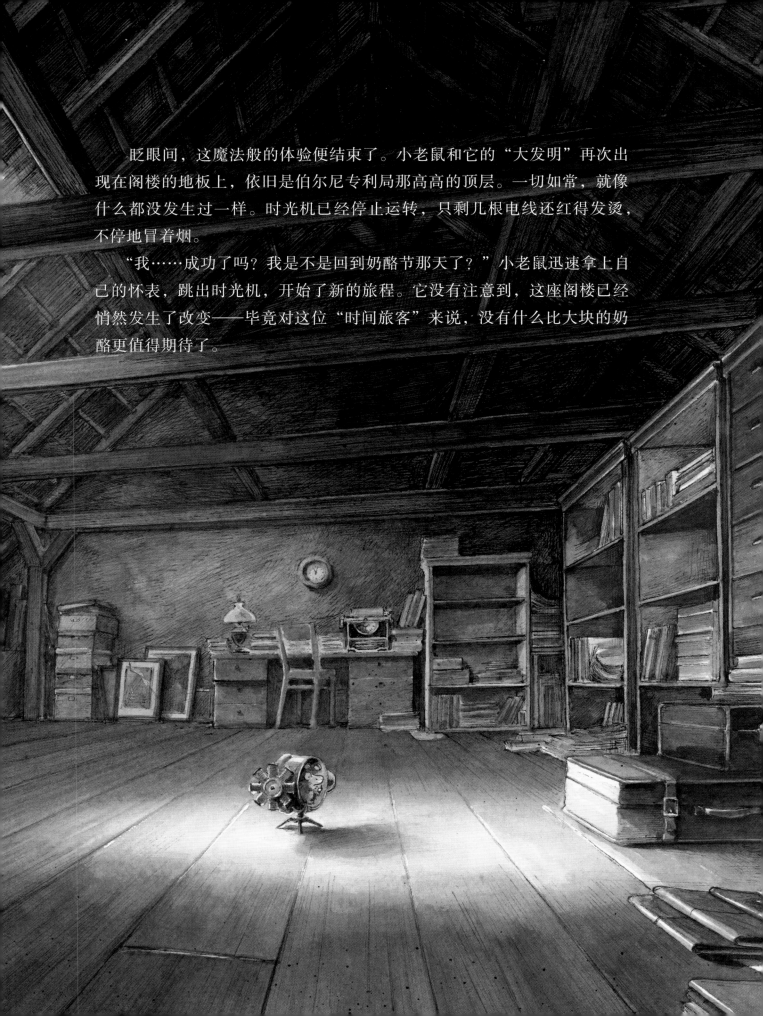

眨眼间，这魔法般的体验便结束了。小老鼠和它的"大发明"再次出现在阁楼的地板上，依旧是伯尔尼专利局那高高的顶层。一切如常，就像什么都没发生过一样。时光机已经停止运转，只剩几根电线还红得发烫，不停地冒着烟。

"我……成功了吗？我是不是回到奶酪节那天了？"小老鼠迅速拿上自己的怀表，跳出时光机，开始了新的旅程。它没有注意到，这座阁楼已经悄然发生了改变——毕竟对这位"时间旅客"来说，没有什么比大块的奶酪更值得期待了。

一个陌生的时代

　　小老鼠站在街道上，瞪大双眼望着面前的一切：那曾经熟悉的汽车、巴士不见了踪影，凹凸不平的青石板路上，一辆辆马车穿行而过，马蹄和滚动的车轮发出阵阵嘈杂的声响。忽然，一阵急促的鸣笛声把小老鼠吓了一跳，擦肩而过的是一辆汽车——与其说这"大家伙"是汽车，不如说是装了冒着烟的发动机的马车。大街上，来来往往的行人都穿得很奇怪：女士们罩着长长的连衣裙，男士们则清一色地套着宽松的西装，所有人的脑袋上都顶着帽子……小老鼠这是来到了什么地方？或者更确切地说，它穿越到了哪个时代？

　　小老鼠心事重重，沿着街上的排水口慢慢走着——这里更安全一些，可以让它尽量躲开行人和马儿的踩踏。小老鼠不知该去往何处，打心眼儿里渴望遇见为自己答疑解惑的人。它就这样一边想着，一边走着，一个熟悉的地方倏地出现在面前……

　　夜已经深了。我们的小老鼠耐心地等啊等啊，终于等到身边的一切都安静下来。它噌的一下蹿到店门把手上，咬着牙将把手往下拽——在这之前，它不费吹灰之力就拨开了门锁，但要打开这扇厚重的店门，可就没那么简单了。小老鼠使出浑身解数，经过一番努力后，店门咔嗒一响，紧接着便是一阵细小的吱呀声——它弹开了，露出一条缝。

　　店铺里空无一人，之前还在伏案工作的老爷爷也不见了，昏暗中只传来无数钟表发出的嘀嘀嗒嗒声。小老鼠努力地睁大眼睛，渐渐看清了周围的环境——除了熟悉的钟表声，这里的一切都和自己见过的不一样了。趁着这个当口儿，小老鼠对照围绕在身边的钟表，校正了小怀表的时间。随后，它蹑手蹑脚地朝着最深处的角落走去，渴望找到雪白老鼠的作坊，以及困扰自己许久的问题的答案。

　　"您好！"小老鼠朝洞里喊道，却只听见自己的回声。它凝视着洞口，稍稍等了一会儿。接着，它又喊道："您好！可不可以请您帮我一个忙？"小老鼠的声音都有些颤抖了。然而，它还是没有得到回答，这里空无一"鼠"。

　　小老鼠失望地环顾四周。难道就没有一点儿线索吗？有没有日历或者带日期的报纸之类的？

　　它猛地一抬头——出现在眼前的是一只猫碗。

柯罗诺斯

柯罗诺斯

　　一只公猫就像一道黑色的邪影，噌的一下从落地摆钟后面跳了出来，张着血盆大口，发出一阵阵骇人的咆哮声。接着，横行无忌的黑猫柯罗诺斯撞倒了几只钟表。

　　小老鼠吓得往后趔趄了几步，怔怔地盯着眼前的一切。这一刻，时间仿佛静止了。哗啦一声，又一只摆钟被撞倒在地上，木头壳子摔得七零八落；表面的玻璃罩也摔了个稀巴烂，碎玻璃碴儿溅了一地；就连里面的齿轮都飞了出来，滚得到处都是……这时，小老鼠才从错愕中回过神来。

　　它撒腿就跑！就差头发丝那么点儿距离，小老鼠险些成了"黑幽灵"的爪中猎物——柯罗诺斯伸出的利爪没够到小老鼠，而是重重地砸在了地板上。没能得逞的公猫不甘示弱，又发出一声咆哮，再次锁定逃跑的小老鼠，不顾一切地跳跃着，追逐着眼前的猎物。小老鼠努力地寻找藏身之所：它穿过店铺里的架子，贴着那些巨大的落地摆钟小心躲闪。不过这终归不是办法，愤怒的柯罗诺斯是甩不掉的！它已经追红了眼，肆无忌惮地撞开所有"障碍物"，小老鼠只能绕着大大的柜台一圈圈地跑着……突然，小老鼠的余光落在了店门上，那扇门还开着，留着一条缝——机会来了！它竭尽所能地朝门飞奔而去，一穿过门缝就赶紧转身跳到旁边，屏住呼吸，贴着门一动不动。柯罗诺斯猛追不舍，却与贴着门的小老鼠擦身而过。小老鼠瞅准时机，又贴着门边回到了店铺里，用上吃奶的力气将店门往前推去——"砰！"门关上了。

成功了！门外的大街上，愤怒的柯罗诺斯发出阵阵吼叫，可声音却越来越低、越来越小……过了一会儿，那"黑色魅影"消失在无边的暗夜中。

搁 浅

翌日，天蒙蒙亮时，小老鼠就迫不及待地出了门。经历了和黑猫大半个晚上的缠斗，小老鼠已经隐隐意识到自己所处的时代，现在它要亲自去求证。沿着空荡荡的大街逛了一阵子，小老鼠在一个报刊亭前驻足。报刊亭还没开门，有几个人在这里等着，小老鼠听到了他们的对话。

"今天的新报纸什么时候能到？"一个戴礼帽的瘦男人问刚来的老板。

"今天的……估计得七点左右吧。"老板一边回答，一边打开了报刊亭的门，开始给新到的杂志分类。

"七点左右……"小老鼠嘟囔着，伸出小爪子往随身的挎包摸去。"应该快到七点了，等不了多长时间……"它想看看怀表确认一下时间，可伸出爪子的一刹那，它突然意识到挎包不见了！自然，那块装在包里的小怀表也丢了！

"吁——"一辆马车停在报刊亭前，车上跳下一个穿着背带裤的年轻小伙子，往人行道上卸下一捆捆报纸。报刊亭老板忙前忙后，终于把新报刊分类摆好了。一旁等待的人们走到亭前，在新印刷的油墨味中埋头挑选着。小老鼠也鼓起勇气，悄悄地找寻自己想要的信息。

书报架最下层的报纸上，清清楚楚地印着当天的日期。小老鼠瞟了一眼年份，不禁咽了口唾沫——1905年。小老鼠所处的时代，与它的目标日期相比，早了将近八十年！毫无疑问，它的计算肯定出了问题——时光机就是这样，一旦使用者计算错误，便会产生巨大的时间跨度误差，要么将其送回久远的过去，要么将其带到遥远的未来。要想更正错误，小老鼠必须把所有数字从头到尾检查一遍，并且重新演算有关时间和空间的算式。它努力回想着，思索着，绞尽脑汁地寻找解决办法。某个瞬间，一个念头掠过了小老鼠的脑子，它的心怦怦乱跳，神态惊慌失措。要想计算时光机的坐标，电脑是必不可少的帮手，可在当下的时代，电脑还没有被发明——别说是这个时代，即便往后推上十几年，都不可能有电脑存在。在1905年，能给予小老鼠最大帮助的，只有一把笨拙的计算尺①！想到这些，小老鼠失去了满心的斗志，像泄了气的皮球一般垂下头。它也许再也无法回到自己的时代了，参观奶酪节的期待和兴奋就更不用谈了。

　　小老鼠的泪水在眼眶里打转，它无奈地再次抬头，注视着报纸上的年份——1905年。希望之光倏地点亮了它的眼眸。"说不定这个时代有人能帮我！"像是一次上帝的馈赠，又像一场穿越时空的邂逅，在往来穿梭、奔波忙碌的人群中，小老鼠一下子就瞥见了那个似曾相识的男人……

① 计算尺是一种辅助计算的工具，也叫算尺，由两个有刻度的尺构成；在20世纪70年代之前使用广泛，之后被电子计算器取代。

爱因斯坦

　　没错！他就是爱因斯坦，如假包换的爱因斯坦。现在，他坐在一张并不大的桌子前，面对各种各样的文件和表格伏案工作。他看起来很年轻——比小老鼠在照片中看到的年轻多了！不过，他已经蓄起那标志性的小胡子，独具特色的蓬乱"爆炸头"也"初见端倪"。是他，阿尔伯特·爱因斯坦——一位传奇科学家、伟大的诺贝尔奖获得者。只不过，现在的他还只是专利局里的普通办事员。

　　正是爱因斯坦的理论，给小老鼠指明了穿越时空的路。在他描绘的世界图景中，一切都是相对的，当然也包括时间。那么，这个"史上最聪明的脑瓜儿"能不能给"掉出时间"的小老鼠些许帮助呢？

　　一连几天，小老鼠都在仔细地观察着爱因斯坦：他每天都会坐在桌子前给送来的申请表盖章，再写上几句评审意见；中午，他会吃一个自带的三明治，然后工作到傍晚，关掉台灯，起身下班。"时间旅客"小老鼠一边观察，一边深深思索着——老鼠能用什么办法向人类提问呢？怎么才能既得到答案，又不暴露自己的老鼠身份呢？

　　"金点子"来得并不晚——爱因斯坦是个科学家，天生就满心好奇、热爱钻研。也许可以用谜语的形式把问题抛给他……想到这儿，小老鼠抱起一支钢笔，在纸上奋笔疾书。它故意把字写得大大的，让内容看起来更像人类的手笔。

　　尊敬的爱因斯坦先生：
　　　　您好！可否烦请您屈尊赏光，帮我破解一个谜语？

　　小老鼠想出了一则谜语，谜底非常好猜。不过，谜语的最后几句话，可能得让爱因斯坦先生费点儿脑筋了。

　　　　是谁未遭重创、毫发无损，却在长日里消逝于人间？
　　　　是谁步履匆匆、一刻不停，却能磨蚀钢铁、摧垮建筑？
　　　　又是谁，围绕着我们的星球转个不停，
　　　　却在一束光前毕恭毕敬？

　　小老鼠把这张纸片放在桌子中央，好让爱因斯坦能一眼看到。

　　第二天傍晚，那张写着谜语的纸片重新回到了桌子上。不过，谜语下面多了一条手写的清晰答案——

　　是时间！
　　顺致崇高敬意！
　　阿尔伯特·爱因斯坦

　　成功了！看到答案时，小老鼠更加坚定了自己的想法：思索谜语的那一刻，爱因斯坦探秘时间和空间的火苗一定被点燃了。用不了多久，他就会提炼出举世闻名的相对论，光会在理论中扮演重要角色。把时间的相对性用谜语暗示出来，这真是个好主意。毫无疑问，爱因斯坦的兴趣已经被小老鼠激发了。

　　之后的每个傍晚，小老鼠都会在桌上放一张写着谜语的纸片。它在新谜语中糅进了更多、更复杂的演算任务，加上了关于时间和空间的各类问题。没过几天，桌子上的演算纸就堆成了一座"小山"。爱因斯坦大部分时间都在潜心计算，找寻谜语中难题的答案——那些盖章、写评语的本职工作，都只能靠后排了！

斗智斗勇

　　齐活啦！小老鼠拾起最后一个谜语的答案，集齐了所有必备的计算结果。想到重回奶酪节即将成真，小老鼠难掩激动的心情。它被巨大的喜悦包裹着，完全没发觉今天的办公桌上堆满了不同寻常的玩意儿……

　　小老鼠回到阁楼，用爱因斯坦的计算结果调校了时光机。它满怀憧憬，坚信调整好了时间跨度，时光机一定能把它带到想去的地方。小老鼠把写满演算结果的纸片一张张放进时光机的座舱里。一瞥见它们，小老鼠又想起了那块丢失的怀表……

　　拾起最后一张散落在地上的纸片后，小老鼠突然听到一通响声。它立即竖起小耳朵分辨着——是木板的吱嘎声。错不了，有人沿着那窄窄的木楼梯向阁楼走来了！小老鼠满心疑惑和惊诧，转头望着声音传来的方向。"嗒嗒……嗒嗒……"那脚步声越来越响，越来越近……这时，一长串黑黑的爪印引起了小老鼠的注意，它们一个挨着一个，径直穿过整个阁楼的地板，指向小老鼠脚下。小老鼠慌忙抬起脚，低头瞅了一眼——一只黑脚掌赫然出现。

　　"难道是印刷油墨？"小老鼠不解地嘟囔着，"到底是怎么搞的？"可那越来越近的脚步声又将它的思绪拉回到时光机上，它用最快的速度完成了最后一步调校，拼命把剩余的纸片往座舱里塞，随即启动了时光机。

　　电线发热的一刹那，阁楼的门被推开了……

回　家

　　一阵强光闪现，小老鼠和时光机消失了。阿尔伯特·爱因斯坦难以置信地站在狭窄的阁楼门口，被闪耀的光照得头晕目眩。刚刚发生了什么？上一秒的瞬间影像还停留在他脑海中，那是一只小老鼠坐在一个圆圆的机器里；可下一秒它们就消失不见了，眼前只有被熏黑的、冒着浓烟的地板，数不清的小爪印，还有几张微微颤动的小纸片。

　　过了好一会儿，爱因斯坦才重新适应了阁楼的昏暗环境。他弯腰捡起一张小纸片。看到上面的字，爱因斯坦会心一笑："原来是这样。"

　　纸片上的字尽管很小，却清晰可辨，内容只有一句：

　　　时间是相对的。

　　我们的小老鼠是幸运的，在举世闻名的大科学家的指点下，它终于找到了对的时间，分毫不差地来到了朝思暮想的奶酪节。或许，正是与这小小的"时间旅客"的邂逅，促使爱因斯坦创立了关于时间和空间的划时代理论——相对论。

故事完

"想象力比知识更重要，因为知识是有限的！"
——阿尔伯特·爱因斯坦

想象力是爱因斯坦科学生涯（尤其是他的"思维实验"）的重要组成部分。我们刚刚讲完的故事，恰恰就是在"想象力"的基础上展开的：要是……会怎么样呢？

纵观爱因斯坦的生平经历，1905年是对他尤为重要的一年，也被称为"爱因斯坦奇迹年"。那一年，他提出了狭义相对论，发现了质能等效性——它们的意义无异于构筑了新的自然科学体系。也是在1905年，爱因斯坦获得了博士学位。

也许在"奇迹年"里，并没有穿越时空的小老鼠去点醒未来的大科学家。但无论如何，伯尔尼专利局里那位小职员都用自己的方式重新解读了物理世界，颠覆了人们对时间和空间的认知。那注定是历史上非比寻常的一页。

阿尔伯特·爱因斯坦

阿尔伯特·爱因斯坦，1879年3月14日在德国乌尔姆市出生，一岁时便随父母迁居慕尼黑。孩童时期，爱因斯坦很晚才学会说话。年纪稍长后，他在慕尼黑接受了小学、初中教育。由于对教学方式的抵触，爱因斯坦提前离开了慕尼黑的高中，自然也没拿到毕业证书。之后，他来到瑞士，在当地的阿劳州立中学继续求学。1896年，爱因斯坦获得了高中毕业证书，进入苏黎世联邦理工学院就读，并于四年后顺利毕业。爱因斯坦后来承认，大学阶段的他资质平庸，算不上什么出色的学生。走出校门后，他做了一段时间的数学和物理代课老师。

爱因斯坦的求职之路漫长又曲折。1902年，他在一位同学的引荐下，成功进入瑞士伯尔尼专利局工作，后被任命为三级技术员。

时间来到"爱因斯坦奇迹年"——1905年。这一年，爱因斯坦发表了一篇关于电磁辐射性质的论文，指出电磁辐射是由光量子（也叫光子，是构成光的粒子）组成的。之后，他又解释了布朗运动[1]。同年，爱因斯坦还发表了《论动体的电动力学》，提出了狭义相对论，它的基本原理是相对性原理和光速不变原理。还是在这一年，爱因斯坦成功证明了质能等效性，由此推导出来的公式，也许是他留给世界的最珍贵的遗产：$E=mc^2$（能量等于质量乘以光速的平方）。

爱因斯坦也在1905年攀上了"学业高峰"——完成了博士论文《分子大小的新测定法》，并在苏黎世大学获得了博士学位。

---

[1] 布朗运动，指被分子撞击的悬浮颗粒做无规则运动的现象，是英国植物学家布朗用显微镜观察悬浮在水中的花粉时发现的。

直到今天，爱因斯坦的第一任妻子米列娃依然被人们津津乐道。她在女性备受歧视的年代突破重重阻碍，接受了科学教育，成了一名有志向、有见地的物理学家和数学家。

　　1908年，爱因斯坦开始在瑞士的伯尔尼大学教授课程。那时，他已经能够通过科研工作维持生计，于是便在1909年辞去了伯尔尼专利局的工作。辞职的时候，他已经晋升为二级技术员了。

　　1909年，爱因斯坦正式进入苏黎世大学，任理论物理学副教授。1913年，他返回德国，开始在柏林的普鲁士科学院工作。

　　从1909年开始，爱因斯坦一直潜心研究，想用更普适的原理来阐释相对论。1916年，他发表了《广义相对论的基础》。

　　1921年，爱因斯坦获诺贝尔物理学奖。不过，让他获奖的并不是广义相对论，而是他对光电效应①的研究。

　　在学术领域"喜报频传"的同时，爱因斯坦却因为自己的犹太血统，在德国遭受着越来越多的敌意——彼时，相当一部分犹太人惨遭不公平的暴力和迫害，成了时代的牺牲品。1933年，在阿道夫·希特勒和纳粹党掌权后不久，爱因斯坦就辞去了普鲁士科学院的工作，像许多犹太同事一样移居美国。他在普林斯顿安顿下来，并在普林斯顿高级研究所做起了研究。

　　那时，爱因斯坦倾注了全部时间和心血，致力于将广义相对论和量子论进行结合。二者的正确性已经多次被证实，可它们至今都无法相互调和。人们对这种"万物理论"的研究和探寻，直到现在还在进行着。

　　1955年4月18日，阿尔伯特·爱因斯坦逝世，享年七十六岁。

---

① 指在高于某特定频率的电磁波照射下，某些物质内部的电子会被光子激发出来而形成电流的现象。它是德国物理学家赫兹在实验中偶然发现的。爱因斯坦是第一个成功解释光电效应的物理学家。

爱因斯坦和相对论

　　在这一节中，我们将试着从一个小视角切入，去探索爱因斯坦在狭义相对论和广义相对论中描绘的宏大新世界。不管是狭义相对论还是广义相对论，核心都在于"相对论"三个字。如果我们说某件事物是"相对的"，那就意味着它要依赖其他事物，或者要与其他事物比较。两列并肩高速行驶的火车就是最简单的例子。假设一列比另一列的速度稍慢一些——对于在铁轨旁观察的小老鼠来说，它们都开得很快，一闪而过；而坐在速度稍慢的火车上的小老鼠，看到的只是速度稍快的火车慢慢从自己身边开过。这就包含了相对论的道理：在火车上的小老鼠眼中，另一列火车的速度"相对"较慢。

　　物体运动时，会在固定的时间里行进固定的距离。比如在道路交通领域，我们常用每小时走过的千米数来衡量交通工具的速度。光是世界上速度最快的物质，但它并不是无限快的，也有既定速度——299,792千米每秒。光一秒钟行进的路程，相当于地球到月球距离的四分之三！在日常生活中，我们对光速的感受并不明显，因为对光来说，地球上的距离都太短了——我们一打开灯，就看到满室亮光。不过在宇宙中，尽管光有着"超级速度"，从太阳照射到地球也需要八分钟以上。半人马座比邻星是离我们最近的恒星之一，它要想把一束光送到地球上，甚至需要四年多呢！

爱因斯坦的思维实验

在爱因斯坦的狭义相对论中，光速扮演着非常重要的角色。和前一个例子中提到的火车速度不同，在爱因斯坦的理论体系中，光速是恒定不变的，无论观察者是谁、处在何时何地，它永远是299,792千米每秒。这个论断对"时间"概念产生了颠覆性的影响，让人一时难以理解。

在广义相对论中，爱因斯坦加入了"重力"的概念，更确切地说是"万有引力"。它是一种吸引力，能让我们留在地球上，也能让地球沿着轨道围绕太阳公转。举个例子，一只小老鼠如果从某个地方跳下来，会很快朝着地心的方向落下，只有地面才能阻止它继续坠落。

类似现象引发了爱因斯坦的思考：不管小老鼠是站在地面上的电梯里，还是站在脱离了地球引力场，在太空中以恒定加速度①（与重力加速度相等）上升的电梯里，它的感觉都是一样的。并且，在两个场景中，如果没有底板阻挡，小老鼠都会掉出电梯。假设小老鼠扔出一小块奶酪，在这两个电梯中，奶酪也都会划出一道抛物线，然后落到底板上。爱因斯坦认为，局域内的引力和加速度是一样的，这就是等效原理。

这个电梯实验，就是爱因斯坦大名鼎鼎的思维实验的一种。通过这种方式，我们的大科学家在头脑中生动地勾勒出一幅幅思维图景，并由此得出重要的结论。

---

① 加速度是速度的变化量与发生这种变化所用的时间的比。

爱因斯坦的时间旅行

接下来这个思维实验，我们依然要请小老鼠出场协助。这一次，小老鼠扮演着和光一样的角色，要在一个固定距离中运动。

在地面上的封闭电梯里，一只小老鼠从左侧跑到右侧。需要强调的是：对于所有实验观察者来说，小老鼠的运动速度是恒定不变的，像光速一样稳定。它从电梯的一端（A点）跑到另一端（B点），需要五秒钟。

在太空中运行的封闭电梯里，也有一只小老鼠以恒定速度来回奔跑，不过，此时电梯也向上运动了一段距离。这样一来，在电梯外的观察者看来，小老鼠在同样的时间里运动了更长的距离，也就意味着它的运动速度加快了。但这怎么可能呢？我们明明已经说过，小老鼠的速度是恒定不变的。那么，从观察者的角度来说，究竟什么发生了变化呢？答案或许会让你大吃一惊，是时间！由于速度是恒定的，观察者的钟表确实会比电梯里的钟表走得快一些，确切地说，是"相对"快一些。

在刚刚讨论的"时间膨胀"中，隐藏着乘坐宇宙飞船穿越时间的理论可能性：与地球上的时间相比，飞船前行的速度越快，飞船中的时间就越慢——当飞船速度达到几乎与光速一样的"极限速度"时，时间膨胀就有可能真的出现。或许有一天，人们可以乘坐这种宇宙飞船在太空中飞行几天。当他们返回地球时，这里却已经过去了许多年。

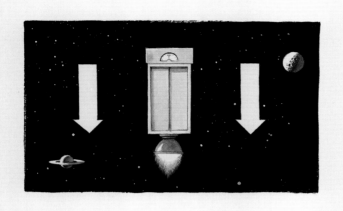

时间和空间的新图景

当一个人站在太空中上升的电梯里，似乎宇宙中的一切都从外面匆匆坠落，这种坠落甚至扭曲了光穿行的路径。

爱因斯坦由此得出结论，即便是站在地球表面，人们也能通过不同方式看到"光的路线弯曲"的可能。物体、人或老鼠都会永远朝地心的方向坠落，宇宙也是如此。试着把宇宙想象成一张撑开的床单（图1），一个很重的球在床单上滚动，床单上会有一处凹下去。在宇宙中，行星等质量极大的物质，也会使宇宙空间弯曲（图2）。

这个模型首次解释了月球、地球和其他星球的运行轨道。月球原本只是在重力作用下进入由此产生的空间凹地，向地球这个质量更大的物体坠落，却又在地球周围找到了自己的轨道，围着地球转了起来（图3）。简单来说，这一现象的存在，是因为月球朝地球坠落的重力和围绕地球旋转产生的离心力达成了平衡。

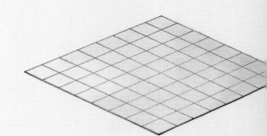

图1 二维平面的宇宙空间

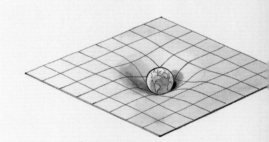

图2 一颗行星使宇宙空间弯曲

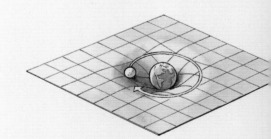

图3 在弯曲的空间中，月球围绕地球旋转的轨道

1915年，爱因斯坦在广义相对论理论体系中，提出了"空间弯曲"这个划时代的科学设想。直到1919年，英国天体物理学家阿瑟·爱丁顿和弗兰克·戴森才证实了这个设想。根据爱因斯坦的预测，这种弯曲甚至可以让光发生偏转。在日全食期间，太阳完全暗下来后，本来被太阳遮挡的一颗星球却露出了真面目，原因是太阳的质量使空间弯曲，导致光的路径发生弯折。

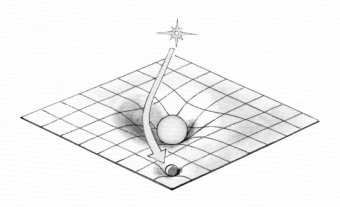

对爱因斯坦空间弯曲理论的证明：变形的空间使光束偏转，也在1919年使一颗原本藏在太阳后面的星球现出真容。这次观测之所以能够实现，是因为月球挡住了整个太阳，使太阳附近的星球变得清晰可见。

不一样的时间

在爱因斯坦的电梯思维实验中，太空中电梯里的时间比外面的更慢。如果是在地球上，这种情况也会存在吗？答案是肯定的。重物质造成的空间弯曲拉长了光要穿过的路，要想穿越弯曲的宇宙空间（就像挂满衣服的弯曲的晾衣绳），光线必须要走过更长的距离。光的速度是一定的，路程被拉长了，时间自然也变长了。例如：山顶上的钟表比海平面上的钟表稍微快一点儿；环绕地球的轨道上的时间，也比地球表面的时间快不到一秒。人造卫星和计算机系统需要通过精密的计算来平衡微小的时间差，用来消除这种"相对论影响"。

弯曲的空间就像挂满衣服的晾衣绳。在像地球这样的重物质周围，光走过的路会发生弯曲。对于所有观察者来说，光速是恒定不变的，因此，被空间弯曲拉长的距离让钟表走得"相对"快了一些。

这里也隐藏着"时间旅行"的另一种理论可能。相对于地面上的人，太空中的航天员会稍早一些抵达未来，但这个程度的"稍早"，还不能让人们真正感知时间旅行。不过，如果时间旅行发生在质量极大的宇宙物质（比如类星体和黑洞）附近，情况就大不相同了：它们周围的空间会被极大程度地弯曲，时间会在这里明显变慢，甚至停止。